国家口腔医学中心
国家口腔疾病临床医学研究中心
上海交通大学医学院附属第九人民医院　组编
上海交通大学口腔医学院

咀嚼槟榔与口腔健康

顾　问　邱蔚六　张志愿

主　审　张陈平

主　编　周晌辉

副主编　石超吉　陆海霞

编　委　张大河　李臻明　徐清瑜

上海交通大学出版社
SHANGHAI JIAO TONG UNIVERSITY PRESS

内容提要

本书力求用生动的漫画形式和通俗易懂的语言，向大众全面、客观地介绍槟榔，同大家一起详细分析长期咀嚼槟榔可能带来的利与弊，从而建议有咀嚼槟榔习惯的人们，为了口腔健康和全身健康，尽早戒除这一不良生活习惯，从而为实现"健康中国"的共同目标而加油助力。

图书在版编目（CIP）数据

咀嚼槟榔与口腔健康 / 周昀辉主编 . —上海：上

海交通大学出版社，2021

ISBN 978-7-313-24917-3

Ⅰ.①咀… Ⅱ.①周… Ⅲ.①槟榔－关系－口腔－保健

Ⅳ.① S792.91 ② R78

中国版本图书馆 CIP 数据核字（2021）第 080614 号

咀嚼槟榔与口腔健康
JÜJUE BINLANG YU KOUQIANG JIANKANG

主　　编：周昀辉

出版发行：上海交通大学出版社　　　　　　地　　址：上海市番禺路 951 号

邮政编码：200030　　　　　　　　　　　　电　　话：021-64071208

印　　制：上海锦佳印刷有限公司　　　　　经　　销：全国新华书店

开　　本：880 mm × 1230 mm　1/32　　　 印　　张：3

字　　数：42 千字

版　　次：2021 年 6 月第 1 版　　　　　　　印　　次：2021 年 6 月第 1 次印刷

书　　号：ISBN 978-7-313-24917-3

定　　价：28.00 元

　　我科周昀辉医师要我为他主编的一本科普书《咀嚼槟榔与口腔健康》作序。突然耳边响起了20世纪中期传唱的一首动人歌曲："高高的树上结槟榔，谁先爬上谁先尝……"。作为长期从事口腔颌面外科的笔者，对槟榔还是很熟悉的。于是，欣然允诺。

　　槟榔是一种植物，所结果实为槟榔果。树高、外形与椰子树类似。盛产于东南亚国家，我国海南、台湾地区也甚多。笔者在访问这些地区时，常因分不清槟榔树和椰树而闹过笑话。

　　咀嚼槟榔果是某些地区的人们多年来养成的生活习惯之一。有的人以生槟榔果加上佐料为食，有的人则以经水煮、烘烤或烟熏后的熟制干果为食。

嚼槟榔可以使人兴奋、产生欣快感，缓解精神紧张，这是人们嗜好槟榔的重要原因，长久食用槟榔可以成瘾，而且很难戒除。长期咀嚼槟榔会让人的口腔发生什么变化呢？最常见的就是口腔黏膜由于受到慢性直接刺激而出现病损：诸如白斑、红斑、黏膜下纤维性变等癌前状态或癌前病损，最后出现癌变。其病损的程度和癌变概率，取决于咀嚼维持的时间：时间愈长，病损程度愈严重，癌变概率愈高。还取决于含食槟榔的种类：槟榔加上烟叶甚至石灰的咀嚼物，引起癌变的概率更高。这些资料已为印尼等东南亚国家和印度的研究所证实。

在我国台湾地区，咀嚼槟榔的习惯最为普遍。口腔癌在众多癌种的构成比中居第4位。在我国大陆，口腔癌的总体排位进不了前10。值得引起注意的是，湖南省近年来口腔癌的排位已明显上升，进入男性常见癌种的前10位，位居第6（构成比3.51%）。资料证明：湖南是我国有咀嚼槟榔习惯人群的大省，口腔癌的患病率已急剧增长了近10倍；确诊的口腔癌患者中60%~90%有长期咀嚼槟榔史。还有资料证实：我国国内咀嚼槟榔人数已超过6000万，每年槟榔的销量也以20%的速度在增加。

槟榔致癌的主要因素为内含的槟榔碱、次碱等成分。为此，2003年，世界卫生组织（WHO）已明确将槟榔列为一级致癌物。

以上这些情况，应当引起我们的充分重视。

目前，医药卫生事业已进入"大健康"时代，预防为主，科普先行，应是我们重要的义务和任务。

首先，与宣传戒烟、戒酒一样，要让广大群众知晓和认识槟榔对口腔健康的不利之处；槟榔如和烟酒合用，则患口腔癌概率更大。应结合"三减"（减油、减盐、减糖）和"三健"（健康口腔、健康体重、健康骨骼）中的"健康口腔"来大力宣传。拒绝咀嚼槟榔，戒除咀嚼槟榔的"不良习惯"。这一点，我国台湾地区的宣传工作值得我们学习。

其次，要趋利避害，重组槟榔产业。与烟酒一样，目前槟榔的生产、销售已形成了系列的产业。不但成了纳税的大户，不少人群还以此为业。当地政府应当引导企业逐步减少槟榔的食用生产，转为大量的其他用途开发，例如将槟榔用于轻工业原料等。

由周医师主编、其他年轻医师参编的这本科普书对槟榔做了全面的介绍，且配以漫画，通俗易懂。书的最后，还特别以诗词劝诫大众放弃咀嚼槟榔的不良习惯，以免影响健康口腔，甚至危及生命！

写完这段序，我耳边"高高的树上结槟榔，谁先采得谁先尝"的歌声自然而然地消失了。但愿有咀嚼槟榔习惯的人也不要"先尝"或"继续尝"了。

中国工程院院士

口腔颌面外科教授

邱蔚六

二〇二一年一月

前言

　　1990年代末，我离开家乡江苏，来到湖南上大学，好奇地发现当地有相当一部分居民喜欢咀嚼槟榔，而我之前从未见过槟榔。而后，在母校中南大学湘雅医学院的课堂上，知名口腔黏膜病学专家刘蜀凡教授曾对我们说："长期咀嚼槟榔的人有可能罹患一种口腔黏膜疾病，叫作'口腔黏膜下纤维性变'，这是一种癌前状态，最常见的临床表现是张口受限；但我们发现，印度、东南亚地区以及我国台湾等地喜好咀嚼槟榔的人群当中，有很多人最后得了口腔癌，而我国湖南省倒是很少见到癌变的病例，这可能与湖南人喜好嚼食干果槟榔而其他地区的人喜欢咀嚼鲜果槟榔有关。"

　　可是，当我考上了硕士研究生，在湘雅医院口腔颌面外科病房实习的时候，却发现很多口腔癌的患者有咀嚼干果槟榔的习惯。我回忆起当年《口腔黏膜病学》课堂上老教授所提到过的"湖南人长期咀嚼干果槟榔一般不会引起口腔癌"的说法。湖南人罹患的口腔黏膜下纤维性变当真不容易癌变吗？于是，我带着这样的疑问请教了我的老师——湖南省口腔医学会会长翦新春教授，老师说"不一定"。在翦老师的启发和指导下，我开始了有关这方面的研究，并很快成为国内较早开展口腔黏膜下纤维性变癌变研究的学者之一。

后来，我博士研究生毕业，有幸来到上海交通大学医学院附属第九人民医院这一国内最大的口腔颌面-头颈部肿瘤诊疗及研究中心工作，成为一名口腔颌面外科医生。这里每年诊治成千上万名来自全国各地乃至海外的口腔肿瘤患者，其中很多也是有咀嚼槟榔习惯的。自然而然地，我继续从事着有关口腔黏膜下纤维性变癌变的研究工作，一直到今天。

20多年以来，对于"咀嚼槟榔与口腔健康"，我多了几分体会，也有了一些发现。国内咀嚼槟榔的人越来越多，不再局限于台湾、湖南和海南等地，在江、浙、沪的街头也很容易购得槟榔；在医院口腔各科室就诊的患者中，有咀嚼槟榔习惯的人越来越多；加入到有关"咀嚼槟榔与口腔健康"研究队伍中的医生、学者越来越多；曾经铺天盖地的食用槟榔商业广告，正逐渐离开各种媒介平台；类似"长期过量嚼食，有害口腔健康"这样的警示语，已然印在了干果槟榔的包装袋上……

如今，"口腔健康，全身健康"的理念日渐深入人心。我觉得是时候为大家做点"接地气"的事儿了。于是，在两位中国工程院院士、著名口腔颌面外科学专家——邱蔚六教授和张志愿教授的鼓励、指导下，在全国口腔颌面-头颈肿瘤专业委员会主委、上海交通大学医学院附属第九人民医院口腔颌面-头颈肿瘤科主任——张陈平教授的支持、帮助下，我们组建了团队，信心满满地开始了为期一年的科普漫画书的编写工作。我们力求用生动形象的漫画和简单易懂的语言，向大众全面、客观地介绍槟榔，带大家一起分析长期咀嚼槟榔的利与弊，从而建议有咀嚼槟榔习惯的人们，为了自身健康，尽早戒除这一不良习惯，最终为实现"健康中国"的共同目标而加油助力。

　　在本书即将与读者见面之际，我们衷心感谢国家口腔医学中心及国家口腔疾病临床医学研究中心提供了高水平研究平台及经费支持。感谢邱蔚六院士百忙之中抽出宝贵时间，亲自为本书作序。也感谢编写团队所有成员（包括插画师在内），他们严谨、认真的治学态度令人感动。

　　囿于编写时间仓促以及编者知识面的局限，本书难免存在不足甚至差错，恳请广大读者在阅读过程中提出宝贵意见和建议，以便本书再版时臻于至善。

上海交通大学医学院附属第九人民医院

口腔颌面-头颈肿瘤科

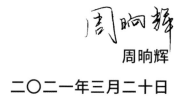

周晌辉

二〇二一年三月二十日

出场人物

槟榔宝宝

周医生

周医生的学生们

河同学   明同学   清同学

目录

3 长期咀嚼槟榔的弊端 /33

4 周医生的建议 /71

1

相传，宾乃上古炎帝之女，
其郎君英勇聪慧，然不幸战死于昆仑山下，
化身为青果，食之有辟邪之效。
后人为了纪念他，就取"宾""郎"之谐音，
称之为"槟榔"。

槟榔的故事

1.1 槟榔的前世今生

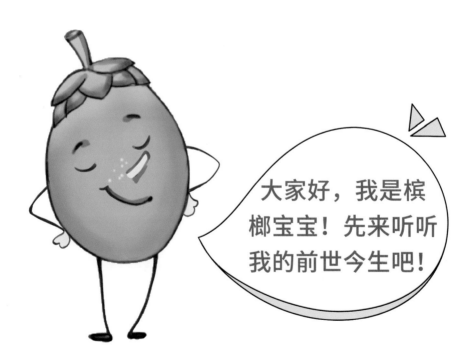

大家好，我是槟榔宝宝！先来听听我的前世今生吧！

传说，
我的祖上是炎帝的驸马，
聪明威武。

但在一次除妖战斗中，
不幸战死于昆仑山下。

他化作一片树林，
并结出累累青色硕果。

他的爱妻——炎帝之女宾将果实采摘下来
以示怀念。后人发现吃了这种果实后，就
再也不怕妖魔作恶了。

刚才传说中的主角是我的先祖。接下来,就让大家看看现实中的我吧。

太好了,我想要听一听!

槟榔树和槟榔果

我是槟榔树的孩子，我的父母槟榔树属于常绿乔木，一般高10余米，有时可达30米。我和我的兄弟姐妹们都胖嘟嘟的，身材呈长圆形或卵球形，长3~5厘米。

上面这些**绿油油的果子**就是
我和我的兄弟姐妹们啦！
是不是都很潇洒漂亮啊？

槟榔树的生长环境与分布

我的祖籍是马来西亚。我主要生长在南北纬28°之间的地方，那里全年温度介于10～36℃，比如巴布亚新几内亚、所罗门群岛、斐济、瓦努阿图以及密克罗尼西亚，这些地区的环境最适合我的生长了。

在中国，我和我的亲戚们散居于**海南**与**台湾**等地。我们喜欢湿热的环境，也喜欢晒太阳，低山谷底、岭脚、坡麓和平原溪边的热带季雨林次生林都是我可以安家的地方。

槟榔果的种类和食用方法

我的用处有很多,最主要的就是供人们食用啦。这样的归宿虽然有些惨,但我还是有点小自豪。供食用的槟榔果有很多种,主要分为**鲜果和干果**两类。

◉ 鲜果

刚刚采摘,没有经过加工的新鲜槟榔。

刚摘下来的新鲜槟榔可以生吃吗?
我怎么听说有人嚼槟榔还要加石灰啊?

不着急,我这就告诉你。

新鲜的槟榔果可以生吃，但嚼起来非常粗糙、苦涩。石灰质地软滑，在槟榔中加入石灰，就可以减少粗糙与苦涩的口感。有些地方的人们会用贝壳粉替代石灰，同样能起润滑作用。

除了石灰和贝壳粉，还有人会在吃槟榔时加入一种叫"荖叶"的树叶，既可以增加口感，吃起来也更有仪式感！

不同国家、地区的人们对于槟榔鲜果，还有很多不同的吃法。在中国台湾，有人会在荖叶里加上红花；而在印度的一些地区，人们还会将鲜果与烟叶、小茴香籽、甘草、儿茶等包在一起食用。

◉ 干果

将槟榔鲜果经水煮、烘烤、烟熏等各种工序加工后制得的成品就是槟榔干果。根据加工方式的不同，干果还可分为青果、烟果等。

干果槟榔的种类也很多哦。

- **青果槟榔**

鲜槟榔经过特定方法的初加工或深加工后，表皮呈青灰色，入口柔和，适合于初嚼者。

- **烟果槟榔**

加工过程中利用烟薰的办法把鲜果薰干后制成干果，之后可以用卤水炮制，而不同的卤水也可以炮制出不同口味的烟果槟榔。

干果看起来更好吃啊！

鲜果、干果各有特色吧！
不过，我国大陆地区大多数有咀嚼槟榔习惯的人都喜欢嚼干果。

1.2 哪些地方的人 喜欢嚼槟榔

那中国嚼槟榔的人多吗？

我国现有超过6000万人习惯咀嚼槟榔。湖南、台湾的人数最多，海南次之。

目前，我国咀嚼槟榔人群呈数量逐渐上升、分布区域逐渐扩大的趋势。

在台湾，有超过300万人习惯咀嚼槟榔，占全省人数的1/10。

在湖南，四成男性与三成女性都有咀嚼槟榔的习惯，并且这个习惯正逐渐向外省蔓延。

接下来，我们再来看看国外的情况。

亚洲部分地区咀嚼槟榔情况

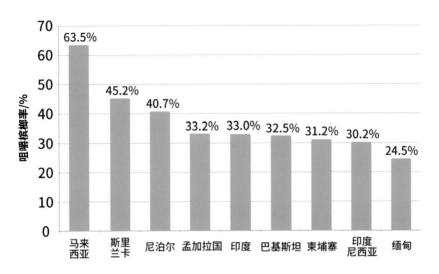

我在东南亚地区和印度可是非常受欢迎的哦！

哈哈哈，想不到你还是个国际萌宠！

参考文献：杨博,符梦凡,唐瞻贵.咀嚼槟榔在亚洲部分地区流行情况及影响的研究进展.临床口腔医学杂志,2019,35(01):58-62.

1.3 与槟榔相关的风俗习惯

我的作用可不止供人们食用,在很多地方,出门办事、喜丧宴请时,我都是必不可少的!

以槟榔作聘礼

海南岛有以槟榔作为嫁娶聘礼的传统,如果女方接受男方的槟榔,就算是同意婚事了。所以在海南省,订婚也被叫作"把槟榔"。

用槟榔赔礼道歉

"解纷唯有送槟榔。"古时广东省岭南地区和海南省一带, 邻里发生纠纷后请村老调和时, 理亏的一方要捧着槟榔向对方道歉。

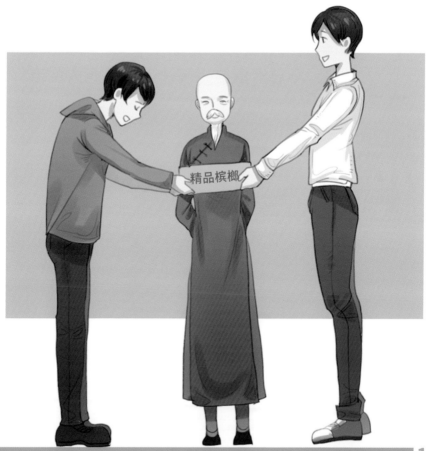

精品槟榔

15

参考文献:叶庆亮,胡小婵,赵松林.海南槟榔产业发展前景预测与分析[J].农产品市场,2019(19):52-57.

1.4 槟榔与国民经济

我不仅在人们日常生活中很重要,还大力促进了国民经济的发展!

从种植、加工,到包装、运输、广告、销售等各个环节,构成了一个庞大而完整的产业链。我能为许多人带来收益呢。如今,全国共有上万家企业从事与槟榔相关业务,年总产值更是高达上千亿元人民币!

槟榔宝宝和他的小伙伴们居然为国家的经济建设做出了这么大的贡献啊！

种植

我国大陆地区槟榔的主要种植地为海南省，主要分布在海南省东部、中部与南部山区，种植面积超过一百万亩。海南槟榔年产量近百万吨，占大陆地区总产量的95%。全省涉及种植槟榔的农民约有50万户，近230万人。

我可是为很多人提供了就业机会哦！

加工、生产

近年来，我国湖南、海南等地的槟榔加工产业正向精、深加工方向迅速发展。

槟榔企业由原来的家庭作坊为主，发展到现在以机械化大工厂为主的格局。

而且，槟榔加工产业可远远不止食品加工这一个方面。

参考文献：·潘虹.槟榔碱提取及分析方法研究进展[J].亚太传统医药,2019,15(04):188-191.
·张可喜,符新,王祝年, 等.槟榔热风干燥工艺的研究[J].热带农业工程,2006(01):20-23.

槟榔茎干和果皮纤维可以用作轻纺工业原料;槟榔果皮、果肉中含单宁和红色染料,可分别提取栲胶和植物性色素;未成熟的果皮也用于提取鞣酸、单宁,供制造皮革、染料和药用;还有工厂直接提取槟榔碱与槟榔素作药用。

创新也是我的座右铭。

参考文献:·潘虹.槟榔碱提取及分析方法研究进展[J].亚太传统医药,2019,15(04):188-191.
·唐丽军.中药槟榔饮片炮制工艺探索构建[J].中西医结合心血管病电子杂志,2016,4(06):94-95.

槟榔是一味中药材。
辩证来看，
咀嚼槟榔可能带来一定的好处。

咀嚼槟榔的好处

既然我们国家的槟榔产业这么庞大，那嚼槟榔是不是也有益于人类健康呢？

传统观念认为，咀嚼槟榔有一些好处！

两位准医生，快给我介绍一下吧！

2.1 提神醒脑

有研究认为，槟榔中的主要成分**槟榔碱**可以刺激神经，使人心率加快、面色红润；也能让人产生愉悦感，提高专注力和反应力，进而提升工作效率。所以，很多人通过咀嚼槟榔来缓解疲劳。

限重31T

参考文献:聂安政,高梅梅,钞艳慧,等.槟榔药理毒理探讨与合理用药思考[J].中草药,2020,51(12):3329-3336.

2.2 生津止渴

有研究指出，槟榔碱能兴奋交感、副交感神经，促进唾液分泌，具有生津止渴、润喉去燥的功效。

参考文献:杨雅蛟,孔维军,孙兰,等.槟榔化学成分和药理作用及临床应用研究进展[J].世界科学技术-中医药现代化,2019,21(12):2583-2591.

2.3 促进胃肠道消化

据研究，槟榔碱能够兴奋交感神经，促进胃肠道运动和消化液分泌，有助于人的消化。

25

参考文献:聂安政,高梅梅,钞艳慧,等.槟榔药理毒理探讨与合理用药思考[J].中草药,2020,51(12):3329-3336.

2.4 驱虫

据研究，槟榔碱对绦虫、蛔虫、肝吸虫等人体寄生虫有较强的致瘫痪作用，能够通过麻痹虫体神经系统，达到驱虫效果。

蛔虫

咦，槟榔还能驱虫？我记得小时候都是吃"宝塔糖"驱虫的呀！

是的，这是因为当前的化学驱虫药的优点十分明显，其使用范围也越来越广，所以槟榔作为驱虫药的应用也越来越少了。

参考文献：易攀,汤嫣然,周芳,等. 槟榔的化学成分和药理活性研究进展[J].中草药,2019,50(10):2498-2504.

2.5 抑菌防龋

有研究表明，咀嚼槟榔可以预防龋齿，也就是防蛀牙。

这可能与槟榔中的槟榔碱对口腔微生物的抑菌作用有关。

参考文献：Liu YJ, Peng W, Hu MB, et al. The pharmacology, toxicology and potential applications of arecoline: a review. Pharm Biol, 2016, 54(11):2753-2760.

2.6 其他药用价值

槟榔作为重要的南药资源之一，在我国中医药中的应用已经超过1000年。

槟榔性味苦、辛、温，具有杀虫、消积、降气、行水、截疟之功效，常与其他中药配伍使用，治疗食积气滞、疟疾以及虫积腹痛等。

我们来一起看看下面这个故事。

参考文献:孙娟,曹立幸,陈志强, 等.中药槟榔及其主要成分的药理和毒理研究概述[J].广州中医药大学学报, 2018,35(06):1143-1146.

据《湘潭县志》记载：

"乾隆四十四年，县境大疫，居民患臌胀病。"

"县令白璟嘱患者嚼药用槟榔，臌胀消失。"

对了！我还听说，咀嚼槟榔可以治疗新冠肺炎！

你看，国家卫健委印发的《新型冠状病毒感染的肺炎诊疗方案（试行第八版）》里，槟榔都被列入中医治疗的处方了！

《新型冠状病毒感染的肺炎诊疗方案（试行第八版）》

（1）寒湿郁肺证
临床表现：发热，乏力……
基础方剂：生麻黄　6g、生石膏　15g、……**焦槟榔 9g**……

（2）湿热蕴肺证
临床表现：低热或不发热，微恶寒……
推荐处方：**槟榔 10g**、草果　10g、厚朴　10g……

这种说法不确切!

- **首先,要注意药用槟榔 ≠ 食用槟榔!**

  中医入药的槟榔是药用槟榔,是将槟榔干燥、成熟的种子经过炮制,制成槟榔、炒槟榔、焦槟榔等规格,以缓和药性,减轻或祛除不良反应。槟榔果皮入药则称为"大腹皮"。

  供咀嚼的槟榔是食用槟榔,一般指的是槟榔鲜果或经烟熏、点卤等**加工处理后的槟榔干果**。

  食用槟榔与药用槟榔存在诸多差异,因此药用槟榔有效不代表食用槟榔也有效!

- 其次, 诊疗方案里提到的槟榔只是处方中的一味配伍药, 而每一个处方都是一个整体, 该处方并没有指出单独使用槟榔有治疗效果。

因此, 咀嚼槟榔并不能治疗新冠肺炎!

参考文献:孔丹丹, 李歆悦, 赵祥升, 等. 药食两用槟榔的国内外研究进展[J]. 中国中药杂志, 2021, 46(05):1053-1059.

尽管槟榔有很多用途，
但现代医学已证实，
长期咀嚼槟榔还可能带来相当多的弊端。

长期咀嚼槟榔的
弊端

既然槟榔有这么多好处,是不是
应该建议大家多嚼嚼?

可千万不能多嚼!
长期咀嚼槟榔,
可能会给我们身体
带来一些不利影响!

3.1 成瘾

咀嚼槟榔能让人产生兴奋和欣快感，一定程度上可以缓解精神紧张，提神醒脑，但长期咀嚼槟榔者会出现明显的渴求症状，即产生成瘾性。这种成瘾性可能和槟榔中所含的生物碱有关。

槟榔加烟，法力无边啊!

参考文献: 张微, 兰燕, 邓冰, 等. 嚼食槟榔的成瘾性: 研究状况及可能机制[J]. 中国药物依赖性杂志, 2016, 025(006):505-507.

3.2 牙齿过度磨耗

长期咀嚼槟榔，会导致牙齿过度磨耗，使牙体整体高度降低，咬合面变得低平、边缘锐利。牙齿磨损程度与咀嚼槟榔的年限呈正相关，且会随咀嚼槟榔量的增加而加重。

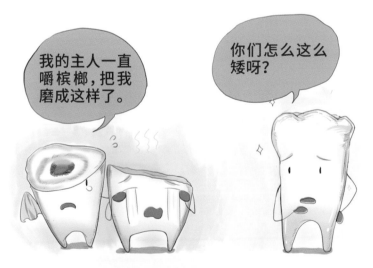

你也不想让自己的牙齿偷偷哭泣吧？

不仅如此，牙齿的过度磨耗还会带来其他问题：

牙本质过敏

由于牙釉质的磨耗损失，使得牙本质直接暴露，酸、甜、冷、热等刺激都会引起疼痛！

面容苍老

牙体高度降低,紧咬牙时使面下1/3过短,就会像全口无牙的老人一样,面容苍老。

参考文献:王玲,武郭敏,王贻宁,等.咀嚼槟榔导致牙体硬组织疾病的流行病学研究进展[J].临床口腔医学杂志,2017,33(08):502-504.

3.3 牙齿变黑

槟榔果本身以及在制作加工过程中添加的许多成分,都容易残留附着在牙齿表面,不易清除,长期咀嚼槟榔会使得全口牙齿变黑,非常影响美观!

参考文献:王玲,武郭敏,王贻宁,等.咀嚼槟榔导致牙体硬组织疾病的流行病学研究进展[J].临床口腔医学杂志,2017,33(08):502-504.

3.4 牙龈萎缩

咀嚼槟榔产生的槟榔渣容易残留在牙间隙。如果槟榔里添加了石灰，人们咀嚼后，也较容易形成牙结石。长期咀嚼槟榔，容易导致大量槟榔渣、牙结石在牙缝堆积，会刺激牙龈，导致牙龈退缩，看起来像牙齿逐渐变长，甚至刷牙、吃饭时都会出血！

参考文献:王玲,武郭敏,王贻宁,等.咀嚼槟榔导致牙体硬组织疾病的流行病学研究进展[J].临床口腔医学杂志,2017,33(08):502-504.

3.5 咬肌肥厚

 长期咀嚼槟榔的人,会无意地把自己的咬肌训练得过度强壮、肥厚,看上去腮帮子非常大,影响美观。

3.6 颞下颌关节紊乱

长期咀嚼槟榔会加重颞下颌关节负担，导致颞下颌关节紊乱病。颞下颌关节紊乱病是一类疾病的总称，主要表现是：两侧耳前的颞下颌关节区或面部疼痛，下颌运动异常，关节弹响、杂音，张口困难等。

嘎嘣

3.7 口腔黏膜病

口腔黏膜下纤维性变

这种黏膜病在长期咀嚼槟榔的人群中最常见。咀嚼槟榔的年限越长,每天咀嚼的数量越多,发生这种疾病的概率就越大!在不同年龄段的咀嚼槟榔者中,该病的发病率是7.2%～47.8%!

如果得了这种病,会对生活造成哪些影响呢?

参考文献:唐杰清,翦象福,高明亮,等.中国湖南湘潭口腔黏膜下纤维性变的流行病学研究[J].中国医师杂志, 2015,017(009): 1290-1295.

这种黏膜病主要有以下几个表现：

① 口腔中形成白色纤维条索，全口黏膜发白/变硬，常有水疱、溃疡。

② 口腔黏膜敏感，味觉减退，有烧灼感、口干、唇舌麻木等。

③ 张口受限，甚至牙关紧闭，导致口腔难以被清洁。

④ 进食、吞咽困难。

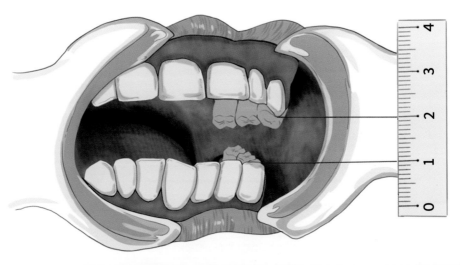

白斑

口腔黏膜白色斑块状病变，常有异物感、粗糙感，可伴疼痛、味觉减退等表现。

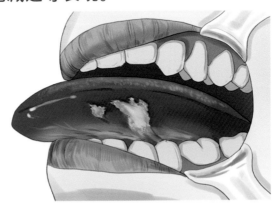

扁平苔藓

口腔黏膜上很多白色的小丘疹连成的各种白色花纹。黏膜可发生红斑、充血、糜烂、溃疡、萎缩和水疱等。可有疼痛、麻木等不适。

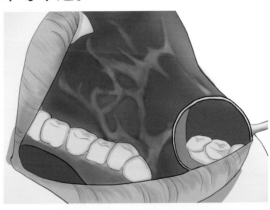

创伤性溃疡

由于咀嚼槟榔的物理和化学刺激，口腔内可发生溃疡，常有疼痛、异物感等。

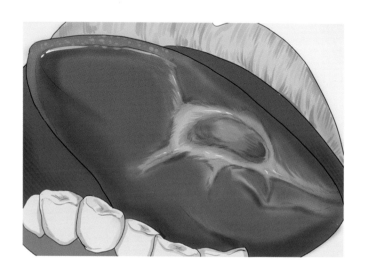

最重要的是，这些口腔黏膜病都存在癌变的可能！

参考文献:杜永秀,孙东业,翦新春,等.咀嚼槟榔种类与口腔黏膜疾病的流行病学调查分析[J].华西口腔医学杂志,2016,34(04):391-394.

3.8 口腔癌

槟榔是一级致癌物

吸烟、饮酒、嚼槟榔是目前已知的口腔癌的三大外在致病因素!2003年,WHO(世界卫生组织)将槟榔列为一级致癌物!

一级致癌物,是指那些对人体有明确致癌性的物质或混合物。我们熟知的砒霜、甲醛、酒精饮料、烟草等就是一级致癌物!

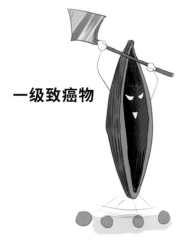

一级致癌物

参考文献:Betel-Quid and Areca-Nut Chewing and Some Related Nitrosamines. IARC Monographs on the Evaluation of the Carcinogenic Risks to Humans 2003, vol. 85, in press.

咀嚼槟榔率与口腔癌发生率的关系

有研究发现,咀嚼槟榔率(有咀嚼槟榔习惯的人口占总人口的比例)较高的国家和地区,口腔癌的发生率也相应较高。

印度的咀嚼槟榔率很高,约30%。而在中国,习惯咀嚼槟榔的人多集中在湖南、台湾、海南等地,其他省份则相对少。在湖南,每个城市的咀嚼槟榔率各不相同,为9%~47.1%不等,其中以湘潭市最高;而在台湾,咀嚼槟榔率为10%~40%,其中少数地区咀嚼槟榔率可高达30%~40%。

从下表可以看出,印度的口腔癌发生率远高于我国平均水平。在我国,台湾省、湖南省的口腔癌发生率较高。

口腔癌发生率

印度	中国
男 12.6/10万 女 7.3/10万	2.6/10万

中国台湾省	中国湖南省
男 25.7/10万 女 3.6/10万	4.2/10万

参考文献:·Zheng CM, Ge MH, Zhang SS, et al. Oral cavity cancer incidence and mortality in China, 2010. J Cancer Res Ther, 2015, 11(2):C149-54.
·Krishna Rao SV, Mejia G, Roberts-Thomson K, et al. Epidemiology of oral cancer in Asia in the past decade--an update (2000-2012). Asian Pac J Cancer Prev, 2013,14(10):5567-77.
·彭晔炜, 刘景诗, 许可葵, 等. 2009~2015年湖南省肿瘤登记地区口腔癌发病与死亡分析[J]. 中国肿瘤, 2019, 28(09): 680-688.

咀嚼槟榔的致癌机理

为什么长期咀嚼槟榔会导致口腔癌呢？

长期咀嚼槟榔可能引发口腔黏膜鳞状细胞癌，即口腔鳞癌，绝大多数口腔癌属于这种病理类型。长期咀嚼槟榔的致癌机理非常复杂，但简单来说，可能就是以下两个方面的作用：

◉ **物理作用**：咀嚼过程中对口腔黏膜存在机械刺激。槟榔渣摩擦、损伤口腔黏膜，黏膜在反复的损伤-修复过程中容易发生癌变。

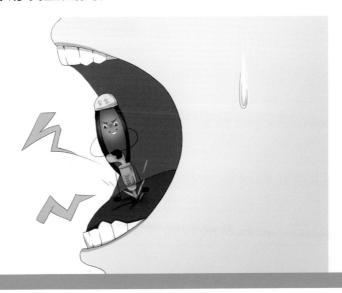

参考文献：Zhou S, Guo F, Li L, et al. Multiple logistic regression analysis of risk factors for carcinogenesis of oral submucous fibrosis in mainland China. Int J Oral Maxillofac Surg, 2008, 37(12):1094-8.

◉ **化学作用**：槟榔释放的槟榔碱、多酚等化学物质，通过破损的口腔黏膜深入组织内部，再经过一系列通路，激活癌基因，形成癌变。

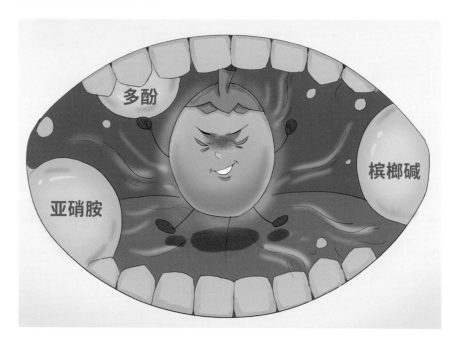

口腔黏膜的癌变概率

那癌变的可能性有多大呢？
是不是长期咀嚼槟榔，
最后一定会发展到癌变呢？

参考文献：翦新春,高兴,谭茜.口腔黏膜下纤维性变的成因及癌变的相关性研究[J].口腔颌面外科杂志,2020,30(04):195-200.

口腔癌和全身恶性肿瘤一样，是由内在、外来多种病因与多种发病条件长期相互作用而形成的。因此，并不是说所有人咀嚼槟榔后都会生癌。

有文献报道，口腔黏膜下纤维性变的癌变率为3%～19%。癌变率因咀嚼槟榔的种类不同而略有变化，嚼食干果者约为11.86%，而嚼食鲜果者约为4.12%。

有研究指出，口腔黏膜是否会癌变还与咀嚼槟榔的年限、每日咀嚼的量有关。

同时有吸烟、饮酒及嚼槟榔习惯的人群和没有这些不良习惯的人群相比，口腔黏膜癌变率高122倍。

参考文献：· Jian X, Jian Y, Wu X, et al. Oral submucous fibrosis transforming into squamous cell carcinoma: a prospective study over 31 years in mainland China. Clin Oral Investig, 2021, 25(4):2249-2256.
· 翦新春. 中国大陆地区口腔黏膜下纤维性变研究的过去、现在与未来. 中华口腔医学研究杂志: 电子版, 2008, 2(6):1-6.
· 杜永秀, 孙东业, 翦新春, 等.咀嚼槟榔种类与口腔黏膜疾病的流行病学调查分析.华西口腔医学杂志,2016,34(4):391-394.

口腔鳞癌的临床表现

我怎么知道自己有没有得口腔癌啊？
能告诉我有什么症状吗？

口腔鳞癌的临床表现有很多，如果发现有类似于下面所介绍的症状和体征时，就要引起重视。

① 曾经发生黏膜病的地方，病变范围扩大，或病情加重，或形成肿块，或溃烂加重，或疼痛明显等。

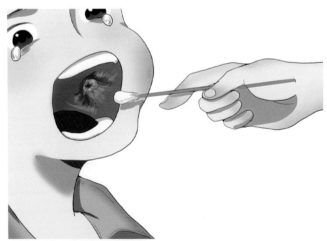

② 口腔内突然发现明显肿块，或出现火山口样溃疡。

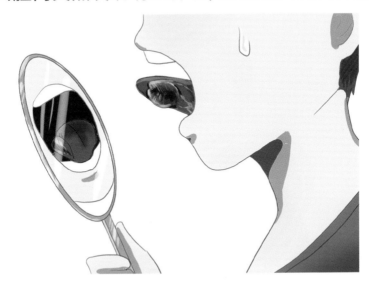

③ 口臭。

④ 牙齿松动,甚至脱落。

牙齿怎么
掉下来了

⑤ 近期呈不明原因的明显消瘦。

⑥ 剧烈疼痛。

⑦ 颈部淋巴结肿大。

⑧ 面瘫,面、颈部麻木等。

⑨ 张口困难,甚至牙关紧闭。

⑩ 进食、吞咽困难。

⑪ 发音不清,甚至不能言语。

⑫ 呼吸困难,甚至窒息。

⑬ 血管破裂,引起大出血。

⑭ 全身转移，生命危在旦夕！

太可怕了！我一定不要得口腔癌！

参考文献：Bagan J, Sarrion G, Jimenez Y. Oral cancer: clinical features. Oral Oncol, 2010, 46(6):414-7.

口腔鳞癌的治疗

可是，如果已经出现了这些症状和表现，又该怎么办呢？

请一定不要顾虑，务必及时到正规医院就诊！

上海第九人民医院

现在我们给您的诊断是口腔鳞癌，但不要过度紧张，请相信现代医疗技术。如果您积极配合治疗，就会有希望！

我们会根据每位患者的具体病情，制定相应的治疗方案。

对于癌症早期患者，我们多采用手术治疗；而对于局部晚期的口腔鳞癌患者，目前普遍认为要进行以手术为主的综合序列治疗，即运用手术、放疗、化疗等多种治疗方法，按照一定的程序，为患者进行个体化综合治疗，争取彻底控制肿瘤，以达到延长患者生命、改善患者生活质量的目的。

61

◉ 手术治疗

手术，也就是开刀。一台口腔癌根治及颜面整复手术，需要一个大的团队合作完成，短则一两个小时，长则七八个小时，甚至可达十余个小时，术中、术后还存在各种风险。但是，我们一定会精心诊疗，全力恢复患者健康。

◉ 放疗

放疗是通过放射线局部照射来杀死癌细胞，但同时也会错杀附近的正常细胞，会导致局部皮肤、黏膜的损伤、坏死，甚至颌骨的坏死！

◉ 化疗

通过注射或口服化学药物灭杀癌细胞，治疗后可能会有脱发、胃肠道反应，甚至会导致骨髓抑制，肝、肾等脏器的损伤！

当然,除了这"手术、放疗、化疗三联疗法",针对口腔鳞癌还有很多其他的治疗方法,比如生物靶向治疗、免疫治疗、中医中药治疗等。

1.免疫治疗

2.中医中药治疗

3.生物靶向治疗

4……

参考文献:·Gharat SA, Momin M, Bhavsar C. Oral Squamous Cell Carcinoma: Current Treatment Strategies and Nanotechnology-Based Approaches for Prevention and Therapy. Crit Rev Ther Drug Carrier Syst, 2016, 33(4):363-400.

·翦新春,高兴.口腔黏膜下纤维性变的病因、致病机理、诊断与治疗[J].口腔疾病防治,2021,29(04):217-225.

口腔鳞癌的预后及康复

患者经过治疗之后效果怎么样？
有可能痊愈吗？

这要根据患者的全身状况、肿瘤恶性程度等情况来综合判断。如果能够做到早发现、早诊断、早治疗，早期口腔鳞癌的五年生存率会超过80%！而晚期的治疗效果就会差很多。但总体来说，口腔鳞癌的五年生存率大约是60%。

经过综合治疗后，患者还需要接受康复训练及后续治疗，以恢复容貌，改善语言、吞咽、张闭口等功能。帮助患者重新回到社会，这也将是一个极大的挑战！

抗癌必胜

口腔癌患者互助协会

3.9 损害消化道健康

经常咀嚼槟榔，还会对构成消化道的其他部位造成不利影响。

◉ 长期咀嚼槟榔，可引发胃炎、十二指肠炎等疾病，甚至增加了罹患胃溃疡的可能性。

这可能有两个原因：

①槟榔碱促进了胃酸分泌和胃肠道蠕动。

②长期咀嚼槟榔可使胃幽门螺杆菌数量增加。

◉ 同口腔黏膜癌变类似，长期咀嚼槟榔也有可能增加咽喉部位黏膜的癌变机会。

参考文献：肖文革,丁琼,胡庆华,等.嚼食干槟榔对消化性溃疡的影响[J].海南医学,2005(01):87.

3.10 污染环境

随地乱吐槟榔渣的现象一直难以杜绝。

◉ 槟榔渣以及口水不易被清理, 会影响他人, 也会影响市容!

咀嚼鲜果后吐的血红色槟榔渣及口水

◉　　除此之外，随地吐槟榔渣及口水还会造成疾病的传播，进而危害公共卫生防疫体系！新型冠状病毒就可以通过这种途径传播。

咀嚼干果后吐的咖啡色槟榔渣

原来长期咀嚼槟榔还有那么多坏处啊!

我也不是故意想伤害大家……

4

嗜好咀嚼槟榔的朋友们，
还是尽早戒了吧！
让我们一起为实现"健康中国"而努力！

周医生的
建议

4.1 公益海报

在某种程度上，槟榔确实给人们带来了一些好处。但是，大家也要警惕，长期咀嚼槟榔会对我们的健康不利。为了您的口腔健康以及全身健康，我们建议您尽量少嚼甚至不嚼槟榔。让我们一起为建设健康中国而努力吧！

过量咀嚼槟榔，有害口腔健康！

过量咀嚼槟榔 有害口腔健康

4.2 戒槟榔的方法

如果您有咀嚼槟榔的习惯,且目前正打算戒槟榔,不妨试试我们的办法!

首先 要下定决心,坚定地告诉自己:"坚决不再吃槟榔"!相信"有志者事竟成"!

接着 要果断采取具体行动。可以采取以下几种方法:

① 隔绝法: 不买、不看、不吃,主动隔绝槟榔的诱惑和接触,坚持,直至成功戒除。此法对个人意志力的要求较高。

② 替代法: 想吃槟榔的时候换成对健康影响较小或无害的代替品,如口香糖等。

③ 阶梯法: 逐步减少嚼食槟榔的数目与次数,直到完全停止嚼槟榔为止。

然后 建议养成规律生活的习惯,进行适度运动等。

另外,在戒槟榔的过程中,还要注意是否出现了以下现象:

抑郁、焦虑

疲乏

注意力不集中

这些反应都是槟榔的戒断反应,是因为长期食用槟榔后身体对槟榔中的某些成分产生了依赖。这个时候,我们可采取阶梯法,逐步减少槟榔的食用。必要的时候,还可以咨询心理医生。

千万不能放弃，坚持就是胜利！

4.3 打油诗《戒槟榔》

我们还创作了一首打油诗《戒槟榔》，来和大家分享一下吧。

放松心情：
听歌放松洗个澡，心情愉悦烦恼少。
槟榔瘾来深呼吸，坚定信心最重要。

生活规律：
均衡膳食营养好，适度运动身体棒。
充足睡眠神气清，无需槟榔来醒脑。

制订计划：
三天戒食两天嚼，制订计划更可靠。
执行计划要坚持，持之以恒人称道。

远离诱惑：
他人递来槟榔嚼，学会拒绝少烦恼。
出门别去买槟榔，远离诱惑心安好。

寻求替代：
瘾来想要嚼槟榔，不如来片口香糖。
困倦疲劳多休息，喝茶也比槟榔强。

保持期许：
实在想把槟榔嚼，不妨想想成功后。
酸甜冰辣任君吃，口气清新形象好。

戒槟榔

对不起大家，再见了！